Rezene Habte
K. Surrender Reddy

Estimativa da densidade populacional e da tendência da gazela de Soemmerring

Rezene Habte
K. Surrender Reddy

Estimativa da densidade populacional e da tendência da gazela de Soemmerring

(Nager Soemmerringii) Hrey Gereb, Buri, Península, Eritreia

ScienciaScripts

Imprint

Cover image: www.ingimage.com

This book is a translation from the original published under ISBN 978-3-639-70239-2.

Publisher:
Sciencia Scripts
is a trademark of
Dodo Books Indian Ocean Ltd. and OmniScriptum S.R.L publishing group

120 High Road, East Finchley, London, N2 9ED, United Kingdom
Str. Armeneasca 28/1, office 1, Chisinau MD-2012, Republic of Moldova, Europe
Managing Directors: Ieva Konstantinova, Victoria Ursu
info@omniscriptum.com

Printed at: see last page
ISBN: 978-620-8-51507-2

Ao meu pai Habte Tewolde, à minha mãe Mihret Bairai, à minha mulher Tiegisti Berhane e aos meus filhos Mussie, Misgana e Lulia, com amor, admiração e respeito.

AGRADECIMENTOS

Esta investigação foi realizada no Instituto de Tecnologia da Eritreia, no Departamento de Biologia, durante o ano académico de 2012-2013.

Expresso a minha gratidão ao Dr. Reddy como meu instrutor de trabalho de curso e meu orientador de investigação. Tem sido um mentor durante todo o trabalho de investigação. Assim, gostaria de agradecer ao Dr. Reddy o seu maravilhoso papel de conselheiro e o seu imenso apoio durante o curso do meu trabalho de mestrado. As suas críticas construtivas e sugestões sobre a linguagem e o conteúdo da tese ajudaram-me a melhorá-la tremendamente.

I forward my special thanks to Dr. Mehreteab Tseggai, Dr. Gebrehiwet Medhanie,, Dr. Mohammed Hamza, Mr. Amanuel, Hamid, Mohammed-Ahmed Mohammed, Mohammed-abdu Ismail, a todos os membros do pessoal da Biologia, à minha família e aos meus amigos, em especial aos meus colegas Kubrom Gebrehiwet, Mengisteab, Mehari e Simret, ao apoio moral de Mohamed-said e a outros pela sua compreensão e apoio constante durante o tempo de trabalho.

Por último, mas não menos importante, gostaria de agradecer à minha adorável esposa Tiegisti Berhane, pelo seu amor, paciência e apoio durante toda a minha investigação.

ÍNDICE

CAPÍTULO 1

INTRODUÇÃO

1.1 Antecedentes

A península de Buri, situada *entre 15°OO' e 15°3O N e entre 39°48 e 4O°O6' E,* está localizada na zona setentrional do Mar Vermelho, sob a administração da subzona de Gelae'lo. A maioria dos habitantes é do grupo étnico Afar, com alguns Saho e Tigrigna. Dependem da atividade piscatória; alguns criam também animais domésticos: camelos, ovelhas e cabras. A península de Buri situa-se a poucos metros acima do nível do mar, pelo que regista temperaturas elevadas durante o verão, de maio a agosto, e a estação das chuvas, de dezembro a fevereiro, podendo alguns locais ficar secos durante vários anos sem chuva. A pluviosidade é variável ao longo da península. A parte ocidental da reserva é dominada por montanhas e afloramentos cortados por wadis (cursos de água temporários). A parte oriental é uma mistura de solo vermelho e reg (planícies de cascalho). O clima é quente e árido. A precipitação é localizada e variável e cai de finais de dezembro a princípios de março. A temperatura é variável, oscilando entre 24-41^{0}C durante a estação quente, em maio e junho, e baixando em dezembro e janeiro.

A península de Buri inclui diferentes aldeias e é conhecida pela sua rica diversidade de vida selvagem, como a gazela de Soemmerring, a gazela de Dorcas, o burro selvagem e a avestruz. A sua topografia é variável e, consequentemente, a distribuição da vida selvagem também é influenciada. Do mesmo modo, pode ser vista/estudada em diferentes sub-divisões. Estas

1. Planícies de gelae'lo e Bardole - Planícies de Dohel (parte sul)

Caracterizada por temperaturas elevadas, solos arenosos, vegetação dispersa, desprovida de gramíneas (apenas ao longo dos cursos de água), espécies de acácias, arbustos e ervas sazonais

2. Zona de Hrey Gereb (parte oriental)

Hrey Gereb é um local sob a administração de Duluh que fica a cerca de 28 km a norte de gelae'lo, na península de Buri, em Zoba, no norte do Mar Vermelho. A fauna desta zona inclui gazela de Soemmerring, gazela de Dorcas e avestruzes. Estas espécies estão classificadas como vulneráveis na lista vermelha da IUCN (2008). Hrey Gereb é caracterizada por uma topografia variável: planícies, colinas, cursos de água; temperatura moderada, rica em vegetação: árvores, ervas, arbustos; relativamente disponível água sazonal, reservatório natural, sistema de drenagem (bacia hidrográfica), e a chuva começa mais cedo.

3. Zona de Mekae'nile (parte ocidental)

Deserto com vegetação dispersa, solo arenoso, a maioria dos rios sazonais drenam para o golfo da região de Zula e as acácias são as espécies dominantes nesta zona.

4. Zona de Duluh e Ingel (parte norte)

Deserto com vegetação dispersa, pouca água sazonal, chuva variável, solo arenoso

Por conseguinte, para efeitos de clareza e gestão fácil da área da península de Buri, esta subclassificação (Figura 13) ajuda-nos a iniciar as nossas áreas protegidas de acordo com os recursos disponíveis e as espécies de vida selvagem, fase por fase. Destes locais, posso sugerir a área de Hrey Gereb, que é um local favorável para ser a primeira e exemplar área de reserva devido às suas vantagens em relação às outras áreas.

1.2 Importância e limitações do estudo

A literatura sobre as gazelas da Eritreia era escassa e estava mal documentada. Assim, o principal objetivo desta tese de investigação é explorar a situação atual da população de gazela de Soemmerring na península de Buri e, em particular, na área de Hrey Gereb. Assim, este trabalho de tese pode contribuir com informações para aqueles que estão interessados em estudar a distribuição, abundância e conservação destas espécies.

O documento deparou-se com algumas limitações na sua realização. Em primeiro lugar, o obstáculo ao acesso livre e independente à informação, ou seja, a falta de documentação adequada e o acesso fácil aos documentos. Em segundo lugar, os informadores correspondentes e os cooperadores também estavam pouco interessados em fornecer informações sobre o estado ambiental da área de estudo. O terceiro constrangimento foi a limitação financeira e de tempo.

1.3 Objectivos do estudo

O objetivo geral da presente tese é estudar a densidade populacional e a tendência da gazela de Soemmerring em Hrey Gereb, península de Buri. Os objectivos específicos do estudo são:

- Estimar a densidade populacional da gazela de Soemmerring em Hrey Gereb, península de Buri,
- Para investigar a tendência atual destas espécies de gazela no local de estudo
- Recomendar medidas de conservação que possam ser aplicadas à gazela de Soemmerring e a outras espécies.

CAPÍTULO 2

REVISÃO DE LITERATURA

2.1 Gazelas de Soemmerring

2.1.1 Biologia

No passado, as atractivas gazelas de Soemmerring costumavam reunir-se às centenas quando faziam migrações sazonais. Atualmente, esta magnífica visão é rara, uma vez que a gazela raramente é vista em manadas compostas por mais de 15 indivíduos. Trata-se frequentemente de manadas de fêmeas e suas crias, acompanhadas por um único macho adulto no seu território. O macho territorial marca o seu território com estrume e, se outro macho se aventurar nas suas terras, podem ocorrer confrontos agressivos (Kingdon, 1997). Esses confrontos envolvem raspar os chifres no chão (Jacksonville, 2008), bater com a cabeça e puxar os chifres do oponente para o lado, numa tentativa de desestabilizar o rival. O acasalamento da gazela de Soemmerring tem o seu pico entre setembro e novembro (Kingdon, 1997). Após uma gestação de cerca de 198 dias, a fêmea dá à luz uma única cria que fica bem escondida na erva até estar suficientemente forte para acompanhar a mãe (Jacksonville, 2008). Este processo demora normalmente cerca de um mês (Kingdon, 1997), durante o qual a mãe regressa à cria apenas para a amamentar (Jacksonville, 2008). Aos seis meses de idade, as crias são desmamadas e, com apenas 18 meses, a gazela está sexualmente madura e capaz de se reproduzir. Vive até aos 14 anos (Kingdon, 1997). As gazelas de Soemmerring alimentam-se principalmente de gramíneas; o seu focinho estreito e os lábios móveis permitem-lhes selecionar cuidadosamente a erva de melhor qualidade (Jacksonville, 2008). São consideradas uma espécie vulnerável segundo o Critério Cl (Haeckel et. al, 2008).

2.1.2 Descrição

Esta gazela foi baptizada em honra de um grande médico alemão, por ocasião do seu 50.º aniversário da obtenção do diploma de medicina. Cretzschmar (1826) retratou este animal como sendo castanho escuro. No entanto, na revisão das gazelas "Nanger",

Lange (1971) descreveu o animal como tendo um dorso de cor clara. Para além disso, sugeriu a existência de várias subespécies, largamente diferenciadas por tipos de homo. Analisou crânios e espécimes vivos desta espécie e comparou-os com as gazelas Dama e Grant. A gazela de Soemmerring é a mais pequena destas espécies e é uma das gazelas "Nanger" (naguer), ou "Spiegelgazellen" (devido à mancha branca na parte traseira). Diz-se que o espécime denominado é originário da Somália. (Gebremedhin e Yirga, 2005)

A gazela de Soemmerring é uma gazela de grande porte com um pelo curto e liso. A altura dos ombros varia entre 81 e 91 cm e o peso entre 35 e 45 kg. A coloração do corpo é castanho-claro ou fulvo. A cabeça e o pescoço são gradualmente mais claros. A parte inferior, a garupa e a cauda são brancas. A cauda é curta e afilada, com um tufo de franja preta na extremidade terminal. As diferentes cores das faces superior e inferior encontram-se para formar uma linha clara de desvio. O padrão facial é constituído por uma máscara castanha que começa acima das narinas e se estende até à testa, com uma faixa supraorbital branca ou amarelo-esbranquiçada que vai do focinho até à base da cabeça. Os chifres têm forma de lira, com as pontas em gancho para dentro, e os dois terços inferiores apresentam cristas. Os machos são ligeiramente maiores e mais pesados do que as fêmeas, com chifres mais espessos e com mais cristas. Os chifres podem atingir um comprimento de 55 cm. São reconhecidas três subespécies de gazelas de Soemmerring, cada uma distinguível por aspectos da sua aparência. *N s. soemmerringii* tem uma face castanha e chifres mais curtos; a face de *N. s. berberana* é mais preta e tem chifres mais longos, e *N. s. butteri* tem flancos mais escuros e riscas nas coxas (Kingdon, 1997).

CLASSIFICAÇÃO TAXONÓMICA

Reino Animalia

Filo Chordata

Classe Mamíferos

Ordem Artiodactyla

Família Bovidae

Subfamília Antilopinae

Género *Nanger*

Espécie *N. soemmeringii* (Cretzschmar, 1828)

Sinónimo: *Gazella soemmerringii* (Cretzschmar, 1826)

2.1.3 Distribuição

Anteriormente amplamente distribuída pela maior parte do Djibuti, norte da Somália e planície costeira central; nordeste e centro do Sudão; zonas de planície da Eritreia, Ogaden e outras zonas de planície do leste da Etiópia. Em tempos, esta gazela poderá ter-se aventurado ocasionalmente até ao extremo sul do nordeste do Quénia (East, 1999), mas não existem informações recentes sobre a sua ocorrência nesta zona. A população da ilha de Dahlak Kebir foi provavelmente introduzida há mais de 100 anos (Yalden et al. 1996).

Figura 1: Distribuição da gazela de Soemmerring no país da África Oriental (IEA= 1998)

A caça descontrolada e a destruição do habitat eliminaram muito provavelmente esta espécie da sua área de distribuição histórica no Sudão (East, 1999). Ainda ocupa partes substanciais da sua área de distribuição histórica no Djibuti, Somália, Eritreia e Etiópia, mas em densidades mais baixas e como populações isoladas; os números em Ogaden estão muito reduzidos devido à caça descontrolada (Wilhelmi et al. 2006).

A gazela de Soemmerring, endémica do Hom de África (Kingdon, 1997), ocorre no Djibuti, Eritreia, Etiópia, Quénia, Somália e Sudão. *N s. soemmerringii* ocorre principalmente no Sudão, *N. s. berberana* encontra-se na Somália e *N. s. butteri* habita principalmente o sul da Etiópia (Kingdon, 1997).

2.1.4 Ecologia da gazela de Soemmerring

2.1.4.1 Habitat

A gazela de Soemmerring ocupa planícies costeiras áridas e lodaçais, savanas *de acácias* áridas e semi-áridas e planícies de pastagens semi-áridas. A sua alimentação consiste principalmente em erva. A espécie tende a preferir terrenos acidentados e montanhosos, com matagais perenes dispersos e estepes *de Acacia/Commiphora*, também encontrados em savanas arbustivas abertas e pradarias pouco arborizadas (Kingdon, 1997; Stuart, 1997, East 1988; Spinage, 1986).

2.1.4.2 Organização social

Foram observados com gado e camelos domesticados. Antigamente, esta espécie encontrava-se em grandes grupos de centenas de indivíduos, mas atualmente só ocorre em pequenas manadas dispersas de 5 a 20 indivíduos. Uma manada típica é de sexo misto. Os machos são territoriais, embora isso possa ser temporário. Embora os machos possuam pequenas glândulas pré-orbitais com fendas, estas não parecem desempenhar um papel na marcação territorial. Em vez disso, as áreas defendidas são marcadas através das donzelas de estrume. Durante um encontro com machos, cada um deles raspa o chão com os seus cornos, numa demonstração de domínio. Os machos mais velhos são facilmente identificados devido ao desgaste excessivo dos chifres provocado por esta atividade (Estes, 1991).

A gazela de Soemmerring actua como alimento (presa). Os predadores incluem chitas, leões, leopardos, cães de caça, hienas e pitões e seres humanos (Jacksonville, 2008)

2.1.5 Comportamento e história de vida

As gazelas de Soemmerring alimentam-se principalmente de gramíneas; o seu focinho estreito e os lábios móveis permitem-lhes ser selectivas na escolha de gramíneas de alta qualidade. Historicamente, as gazelas de Soemmerring juntavam-se em manadas de muitas centenas durante as migrações sazonais, deslocando-se para áreas com vegetação e água. Esta migração parece coincidir com as chuvas sazonais. Atualmente, esta gazela raramente é vista em grupos compostos por mais de 15 indivíduos. Os machos adultos territoriais estabelecem territórios e associam-se a grupos de fêmeas e crias que os visitam (Kingdon, 1997). Longevidade máxima: 15,5 anos (em cativeiro) (Richard, 2005)

2.2 Causas do declínio da gazela de Soemmerring

2.2.1 Seca prolongada

Existem duas definições de seca de acordo com o U.S. Department of the Interior Bureau of Land Management (2012):

- A primeira seca pode ser descrita como "uma escassez crónica e prolongada de água, em comparação com o normal, frequentemente associada a temperaturas e ventos elevados durante a primavera, o verão e o outono".
- A segunda definição descreve a seca como "um período sem precipitação durante o qual o teor de água no solo é reduzido de tal forma que as plantas sofrem de falta de água". Os sinais de stress hídrico nas plantas incluem a redução do crescimento dos rebentos e das folhas, a redução do desenvolvimento da cabeça das sementes, a senescência induzida (ou seja, o envelhecimento prematuro) e a morte das plantas.

Durante uma seca prolongada, quando as plantas secam, a gazela de Soemmerring não tem erva para se alimentar, pelo que é forçada a migrar ou a morrer. Especialmente as fêmeas lactantes são muito afectadas.

2.2.2 Predação

Uma vez que a gazela de Soemmerring serve de alimento, sofre com os predadores. Estes incluem hienas, raposas e cães. Na maior parte das vezes, estes animais são afectados durante os meses quentes e secos, de maio a setembro. Estes meses são os mais difíceis porque a vegetação fica seca. Quando a estação das chuvas começa tarde, as grávidas são as mais afectadas.

2.2.3 Caça

A caça também desempenha um papel parcial no declínio destas espécies. Apesar de estas práticas serem menos aceitáveis para a comunidade local, algumas pessoas irresponsáveis envolvem-se nestas actividades.

CAPÍTULO 3

MATERIAIS E METODOLOGIAS

3.1 Descrição do local de estudo

A Península de Buri é uma área de terra na sub-região de Gelae'lo, na Eritreia, que se projecta para o Mar Vermelho. A oeste, encontra-se o Golfo de Zula, também conhecido como Baía de Annesley, com a aldeia de Arafali na sua cabeceira. A norte da península encontra-se o canal de Massawa e um grupo de ilhas, o arquipélago de Dahlak, sendo a maior e mais próxima do continente Dahlak Kebir.

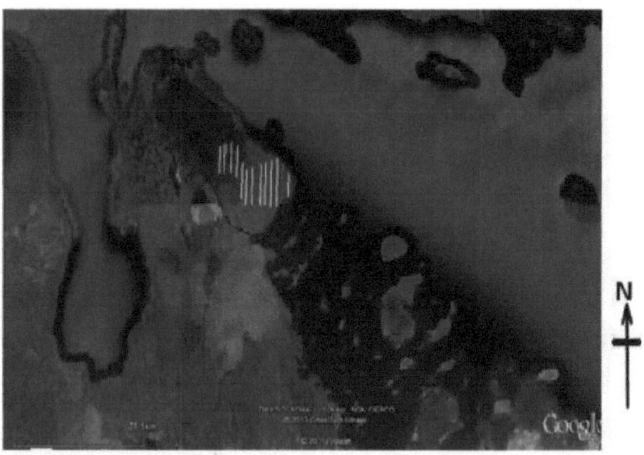

Fig2: Buri peninsula with the sample study area of Hrey Gereb, transect line are shown in yellow lines (Diagram not drawn to scale)

A leste da península situa-se a baía de Howakil, uma baía ampla, pontuada por ilhas, a maior das quais é a ilha de Howakil, e a sul uma cordilheira de colinas baixas (Philip, 1994). A península é geralmente baixa e ondulada, composta por fluxos de lava no extremo sul e granito no norte. Tem cerca de 50 km de comprimento e 35 km de largura, com uma constrição de 20 km de largura no meio (Naval, 2013). Mais para o interior, a sul, encontram-se colinas vulcânicas, algumas cónicas e outras localizadas em cumes, com pequenas planícies arenosas entre elas. As montanhas mais altas da península são o Monte Abdur, perto da costa oeste, e o Monte Dureli, perto da ponta. Existe uma grande lagoa de água salgada perto do centro. Grande parte da costa é orlada de recifes (Naval,

2013).

O lado ocidental da península é arenoso, com colinas baixas em alguns locais. Depois da aldeia piscatória de Irafale, existe uma ampla baía de areia vulcânica negra. A estrada atravessa a península para além deste ponto antes de continuar para leste até Ghela'elo, a capital da sub-região de Ghela'elo (Edward, 2007).

Hrey Gereb é um dos locais sob a administração de Duluh, que fica a cerca de 28 km a norte de gelae'lo. Abrange seis aldeias: Gebhaben, Shekabura (2 aldeias), Wekhriton, Arkoboden e Gwawley. Esta zona estende-se para norte até às planícies de Gaboyta (Afar = "Rahya"), para sul até Gelae'lo e às planícies de Bardole, para leste até à costa do Mar Vermelho e para oeste até à zona interior de água salgada e à montanha Gel-wale. A área é rica em ervas, arbustos, espécies de acácia, gramíneas, *tamarix* e vegetação *de zizpus*. Por conseguinte, em comparação com outras zonas, a vegetação está bastante distribuída.

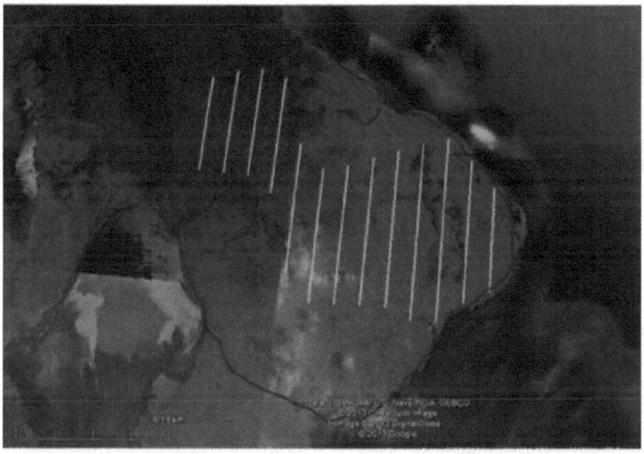

Figure 3: a closer view of the study area with line transects marked yellow lines

Esta zona alberga diversas espécies de vida selvagem, como a gazela de Soemmerring, a gazela de Dorcas, a avestruz, as hienas, as raposas, os lagartos, os coelhos e a abetarda árabe. Sabe-se que, especialmente a gazela de Soemmerring e a gazela de Dorcas, são espécies vulneráveis, pelo que a sua presença em grande número nesta zona faz com que

Hrey Gereb seja um local preferível para ser uma zona reservada exemplar. Esta zona não só é rica em espécies de vida selvagem, como também a sua geografia a torna preferível. Possui uma área natural semelhante a uma barragem e um sistema de retenção de água (ou seja, nas partes sudoeste, existem rios/correntes que drenam a ala leste para Hrey Gereb e a ala oeste para a zona interior de água salgada), pelo que a água pode permanecer durante cerca de 4-6 meses, o que não se verifica noutras partes da península de Buri.

O inquérito foi realizado numa área pastoral conhecida como Hrey Gereb, parte da península de Buri, situada na zona norte do Mar Vermelho, aproximadamente *entre 15°16' e 15°24'N e 039°57' e 040°05'E*, e abrange uma área aproximada de 275,00 quilómetros quadrados.

Hrey Gereb acolhe as espécies vulneráveis da vida selvagem, incluindo a avestruz (*Struthio camelus*), a gazela de Soemmerring (*Nanger soemmerringii*) e a gazela de Dorcas (*Gazella dorcas*). Caracteriza-se por uma topografia variável: planícies, colinas, cursos de água, diversas espécies de vida selvagem e rica em vegetação: árvores, ervas, arbustos; a vegetação lenhosa consiste principalmente em espécies de Acacia degradadas; as principais espécies são *Acacia tortilis* e *A. ehrenberginia.* A densidade arbórea varia consideravelmente em função do tipo de solo e da profundidade do lençol freático, da água sazonal relativamente disponível, do reservatório natural, do sistema de drenagem (bacia hidrográfica) e do facto de a chuva começar mais cedo.

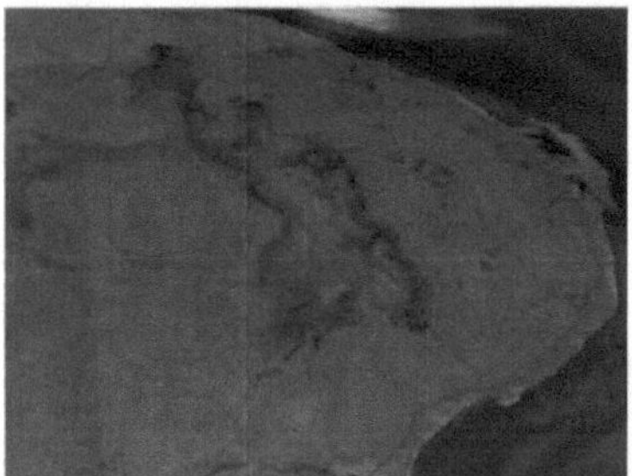

Figura 4: A barragem natural como reservatório sazonal, rica em vegetação e entrada de água da ribeira de Akarit, à esquerda, vista de perto

3.2 Materiais e métodos

3.2.1 Métodos no terreno

Foi efectuado um levantamento preliminar da área de estudo antes do levantamento de campo propriamente dito e foram recolhidas informações gerais em . Com base nestas informações, foram desenvolvidas técnicas de amostragem e um questionário. O inquérito de campo efetivo foi realizado em 20f2- 20f3.

Os colonos e os membros da comunidade foram identificados e entrevistados para recolher informações sobre a tendência anterior e atual da gazela soemmerringii. O inquérito por questionário também forneceu informações sobre a abundância destes animais, a frequência dos encontros, a hora e o local dos avistamentos e a data dos últimos avistamentos. Também foram efectuadas discussões de grupo e entrevistas a informadores-chave para obter uma visão aprofundada da vida selvagem da zona. Foi entrevistado um total de 40 pessoas com base numa técnica de amostragem intencional.

O levantamento da fauna foi efectuado através de caminhadas ao longo das linhas de transecto. Para o efeito, foi elaborado um mapa da área de estudo e foram traçadas 13 linhas de transecto de sul para norte, com uma distância de 0,54 km entre cada transecto. Em primeiro lugar, a posição geográfica dos pontos de início e fim dos transectos foi identificada a partir do mapa e, utilizando o GPS, o ponto de início foi identificado no campo e, em seguida, começou-se a caminhar em linhas rectas seguindo uma direção leste constante, tanto quanto possível, de acordo com a viabilidade da topografia. Durante este percurso, foi feita a observação direta das espécies, das suas pegadas, dejetos e outros sinais indirectos. Além disso, todos os sinais da vida selvagem foram observados em ambos os lados (até 5 m de distância) das linhas do transecto e registados na folha de dados.

3.2.2 Conceitos básicos da amostragem por linha de transecto (Burnham et. al, 1980)

1. Recolha de dados (síntese)

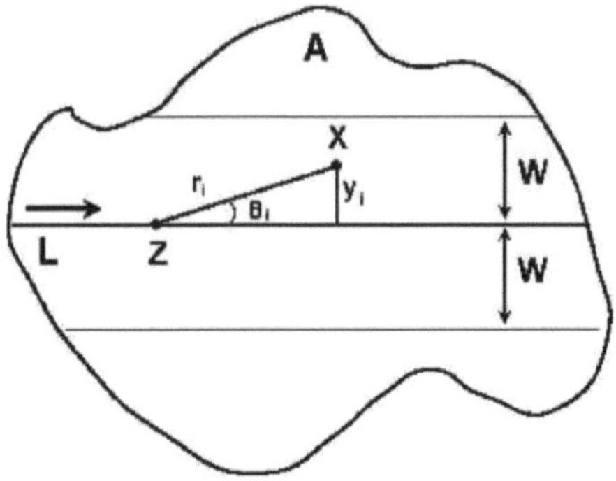

Figura 5: Ilustração das medições que podem ser efectuadas para cada indivíduo avistado ao longo dos transectos de linha a. A medida-chave é a distância perpendicular (y_i). Se a distância de observação (r_i) for mais fácil de registar no terreno, o ângulo de observação (θ) também deve ser medido. A distância perpendicular $yi = ri \sin \theta$

Onde: L = linha de transecto Z = o observador detecta um animal neste ponto

X = posição do objeto W = largura da faixa r_i = distância de observação (distância de descarga)

θ= ângulo de observação

2. Teoria subjacente

- Nem todos os indivíduos serão detectados
- A probabilidade de detetar um objeto diminui à medida que a sua distância à linha aumenta.

A estimativa correta da densidade através de esquemas de amostragem por transectos lineares envolve uma mistura de teoria estatística básica de amostragem e conhecimento biológico da população em estudo. Foram sugeridos dez pontos importantes a considerar na conceção de um estudo (Anderson et al., 1979.

Além disso, foram propostos numerosos modelos estatísticos para analisar os dados do transecto linear. Independentemente do modelo escolhido, as seguintes restrições são assumidas para caraterizar o trabalho de campo e os dados resultantes (Richard, 1996) (Ver apêndice 3)

CAPÍTULO 4

RESULTADOS

4.1 resultados do inquérito

Inquérito realizado durante um ano, 2012-2013, em diferentes locais da subzona de Gelae'lo. Aqui, o investigador visitou as aldeias de Bardole, Gelae'lo, Duluh, Ingel, Mekae'nile, smote, Bada, Assae'lla e Hrey Gereb. Estas aldeias situam-se dentro e fora da península de Buri. O inquérito destinava-se a recolher informações/dados sobre a gazela de Soemmerring. Aqui, o investigador centra-se na situação da gazela de Soemmerring, na sua distribuição, nos principais problemas que enfrenta e nas actividades realizadas pela comunidade e pelo Ministério da Agricultura para a conservação destas belas espécies selvagens.

Quadro 1: resultados do questionário

	Questions	Responses	Respon dents	Respo nses in Percen tage
1	As inhabitants of this region, are there Soemmerring's Gazelle?	Yes	40	100%
		No	0	-
2	Are these species been there ever before in this area?	Yes	40	100%
		No	0	-
3	In which month are these species more abundant?	During the rainy season October-March	40	100%
4	In the time of moving , each groups comprises ________individuals	5-10 individuals	34	85 %
		More than 10 individuals	6	15%
5	How do you evaluate the current number of these available species around this area?	Declining	10	25%
		Slightly increased	28	70%
		No change	2	5%
6	In this area, which of these deaths regarding Soemmerring's Gazelle occur more:	Hunting	4	10%
		Natural problems: drought	31	77.5%
		Predation	5	12.5%
7	What will be the effect of domestic grazing animals on these species?	Shortage of food: Grass	35	87.5%
		Competition	5	12.5%
8	Compared to ten years ago have you observed change in agricultural expansion?	Slightly increased	7	17.5%
		No change	33	82.5%

9	As a result of increased infrastructural activities, example: constructions of roads, water reservoirs, housing ...etc., around this area, how it affects these wild animals?	Habitat fragmentation	9	22.5%
		No influence: not much activities	27	67.5%
		No change at all	4	10%
10	Is there a significant impact due to deforestation and soil erosion, particularly in this study area in relation to the animals that live in this habitat?	Yes	11	27.5%
		No, there are internal rules to protect deforestation	29	72.5%
11	What conservation activities/measures does the community of this area perform to protect the Soemmerring's gazelle?	Public protection, internal rules	38	95%
		No information	2	5%
12	Is there any activities done by the ministry of Agriculture regarding the conservation of these species?	Yes, increase awareness	35	87.5%
		Practical activities: reserved areas	5	12.5%
13	What advantages does the community expect if the numbers of these species are more around this area?	Economic and tourism benefits	40	100%
		No values	0	-
14	What action strategy should the community follow for better sustainability and continuity of these vulnerable species?	Increase public awareness Implementations of strict rules Improve habitat quality Taking practical measures: reserve areas	40	100%

4.2 Resultados no solo

Quadro 2: Resultados dos dados de campo

Contents of Observation layer 'Observation' and all fields from higher layers

Study Area		Region			Line transect			Observation		
ID	Label	ID	Label	Area	ID	Label	Line length	ID	Perp distance	cluster size
					1	L1	4.23	1	0	0
					2	L2	4.63	2	135.9	2
								3	103.5	2
					3	L3	4.93	4	178.2	3
								5	350.8	3
								6	312.2	6
								7	124.6	4
					4	L4	5.23	8	369.6	6
								9	32.5	4
								10	70.5	3
					5	L5	5.63	11	385.6	4
								12	125.4	2
								13	324.9	7
					6	L6	5.74	14	268.54	5
								15	26.03	1
								16	102.69	3
1	HEREY GEREB	1	HEREY GEREB	275	7	L7	5.93	17	45.9	2
								18	209.7	4
								19	179.5	5
					8	L8	6.34	20	227.95	4
								21	361.5	12
								22	56.2	2
								23	49.5	1
					9	L9	6.75	24	257.9	4
								25	191.11	10
								26	316.62	12
								27	154.82	8
								28	78.9	7
					10	L10	7.6	29	87.7	6
								30	237.61	8
								31	196.8	9
								32	273.83	10
1	HEREY GEREB	1	HEREY GEREB	275				33	74.68	8
								34	159.19	6
					11	L11	7.85	35	302.08	5
								36	304.7	4
								37	212.39	7
								38	235.58	6
								39	248.6	3
								40	122.5	8
								41	98.4	9
								42	258.78	4
					12	L12	6.12	43	134.7	2
								44	28.51	6
								45	68.7	2
								46	50.42	8
								47	35.65	5
								48	340.7	11
					13	L13	4.6	49	134.7	9

Aqui os resultados são calculados pelo software "PROGRAM DISTANCE 6.0 Release 2". (Thomas et. al, 2010) (Consultar o apêndice 2)

1. Estimativas de densidade/Global

Esforço : 75.58000

Amostras : 13

Largura : 385.6000

Observações: 49

Modelo 1

Half-normal key, k(y) = Exp (-y**2/(2*A(1)**2))

Parameter	Point Estimate	Standard Error	Percent Coef. of Variation	95% Percent Confidence Interval	
D	0.99211	0.21268	21.44	0.64489	1.5263
N	273.00	58.524	21.44	177.00	420.00

Unidades de medida

Densidade: Números/quilómetros quadrados

ESW: metros

Componente Percentagens de Var(D)

Probabilidade de deteção: 45,1

Taxa de encontros: 54,9

2. Resumo da estimativa - Taxas de encontro

	Estimate	%CV	DF	95% Confidence Interval	
n	49.000				
k	13.000				
L	75.580				
n/L	0.64832	15.89	12.00	0.45962	0.91449
Left	0.0000				
Width	385.60				

3. Resumo da estimativa - Probabilidade de deteção

Half-normal/Cosine	Estimate	%CV	DF	95% Confidence Interval	
m	1.0000				
LnL	-291.21				
AIC	584.42				
AICc	584.51				
BIC	586.31				
Chi-p	0.99183				
f(0)	0.30606E-02	14.39	48.00	0.22949E-02	0.40817E-02
p	0.84735	14.39	48.00	0.63536	1.0000
ESW	326.74	14.39	48.00	244.99	435.75

4. Resumo das Estimativas - Densidade e Abundância

	Estimate	%CV	DF	95% Confidence Interval	
	-----------	---------	--------	-----------------------------	
Half-normal/Cosine					
D	0.99211	21.44	34.05	0.64489	1.5263
N	273.00	21.44	34.05	177.00	420.00

4.3 VIDA SELVAGEM REGISTADA NA ZONA: HREY GEREB

Quadro 3: Lista das espécies de vida selvagem registadas durante o estudo: Hrey Gereb

	Common name	Numbers recorded	Scientific name	Local name	Tigrigna
1	Ostrich	66	*Struthio camellus*	sigieri	
2	Soemmerring's gazelle	272	*Nanger soemmerringii*	Bus'adu	
3	Dorcas gazelle	84	*Gazella dorcas*	weydede	
4	Spotted Hyena	1	*Crocuta crocuta*		
5	Bushbuck	4	Tragelaphus scriptus	Einshu	
6	Arabian bustard	9	Ardeotis arabs	Andole	
7	Wild rat	many	-	-	
8	Rabbits	17	*Oryctolagus cuniculus*	-	

4.4 VEGETAÇÃO REGISTADA NA ZONA: HREY GEREB

Quadro 4: Lista da vegetação em Hrey Gereb: arbustos e árvores

SN	Common Name	Scientific name	Local name	Tigrigna
1	Tamarix	*Tamarix aphyla*	Sagunto	Ubel
2	Zizipus	*Zizipus spina-crista*	Kusra	Gaba
3	Acacia	*Acacia tortilis*	Aebie	Chea
4		*Acacia ehrenberginia*	Mekae'ni	Keyih chea
5	Calotropis	*Calotropis procera*	Gela'e	Ginde'a
6	Mangrove	*Mariana saligna*	Takeyto	Mangrove

CAPÍTULO 5

DISCUSSÃO

5.1 Discussão dos resultados do questionário

Foram efectuadas informações preliminares sobre a distribuição e abundância da gazela de Soemmerring através de um questionário. No inquérito, foi dada mais atenção à área do seu habitat. O inquérito foi realizado em todas as aldeias que se situam em redor do local de estudo. As aldeias que o investigador visitou incluem Bardole, Gelaelo, Ingel, Smote, Bada, Duluh, Akielo, Irafale, Mekae Nile, Assaella, Adeyto e Hrey-Gereb.

Estas espécies são migratórias, ou seja, quando a chuva está disponível numa determinada área, estes animais migram para se alimentarem melhor. Eles migram para Hrey Gereb de diferentes áreas a partir do mês de dezembro.

O tamanho dos seus grupos varia entre 5 e 10 indivíduos. O seu número aumentou em comparação com os últimos dez anos. Este facto deve-se principalmente à sensibilização da comunidade para a conservação destes animais.

Cerca de 70% dos inquiridos indicam que as causas mais visíveis da morte destes animais se devem a um período de seca mais longo que resulta num crescimento deficiente da vegetação, o que leva à escassez de alimentos. Isto leva ao declínio dos adultos, o que conduz a uma taxa de fertilidade mais baixa, 3% à predação, 4% à caça e os restantes 21,3% devem-se à concorrência do gado e à fragmentação do habitat.

O número de animais domésticos, como cabras e ovelhas, é mais abundante, o que cria concorrência nos alimentos disponíveis, uma vez que todos estes animais se alimentam de erva. Os camelos também são abundantes.

As actividades agrícolas e de infra-estruturas, como a construção de estradas, reservatórios de água, habitações, etc., em torno desta área, não têm qualquer influência sobre estes animais selvagens, porque estas actividades não estão disponíveis.

Apesar de existirem fortes regras comunitárias e pessoal da guarda governamental para a conservação da vegetação e uma boa sensibilização da comunidade, nas zonas remotas alguns cidadãos irresponsáveis tendem a praticar o corte de árvores, o que provoca a desflorestação e cria desequilíbrios no ambiente.

Algumas actividades/medidas de conservação levadas a cabo pela comunidade desta zona para proteger a gazela de Soemmerring incluem a proteção pública e a aplicação de regras e regulamentos internos para controlar as actividades ilegais. O Ministério da Agricultura (MoA) também participa na sensibilização do público.

Para uma melhor sustentabilidade e continuidade destas espécies vulneráveis

- Aplicação rigorosa e respeito das regras e regulamentos públicos
- sensibilização contínua do público
- Melhorar a qualidade do habitat das gazelas através do controlo das fontes de degradação do habitat e da redução da pressão do pastoreio do gado.

O resultado do inquérito indica que a área de distribuição destas gazelas é muito vasta, dentro e fora da área da península de Buri.

Quadro 5: resumo das variáveis selecionadas

	variables	Response	Respondents results (%)	Remark / DISCUSSION/
1	Trend	Compared to last ten years there Slightly increase in number	70	Proclamation No 155/2006 conservation Act
2	Distribution	All the villages the researcher visited	100	Indicates their previous range
3	Major problems	Natural drought	71.7	Some places are dry throughout the year

		Predation: fox, Hayna	3	When they are weak, pregnant: hot and dry season
		Hunting	4	Other than Afar
		Competition from livestock, lack of water, habitat fragmentation	21.3	Nomads , Seasonal roads that cross the Buri peninsula
4	Conservation activities	Community based activities: internal rule to protect deforestation and wild life	75, 95 respectively	Cultural heritage
		Ministry of Agriculture: increase public awareness, reserved areas	87.5, 12.5 respectively	Starting from the last seven years

5.2 discussão dos resultados da observação no terreno

5.2.1 Tendência populacional e abundância da gazela de Soemmerring em Hrey Gereb

O estudo das tendências populacionais da gazela de Soemmerring foi realizado com base no registo de 13 transectos em linha com uma largura fixa de 0,54 km. Utilizando um veículo e, se necessário, a pé, cada linha de transecto foi percorrida e as populações foram registadas em ambos os lados. De acordo com as diretrizes de amostragem de distância de transectos de linha, foram medidas as três medidas: distância de observação, ângulo de observação e distância perpendicular. Neste caso, a falta de materiais dificulta a medição; em vez disso, o método indireto de medição da distância perpendicular parece ser aplicável. Após esta utilização, foram analisados os dados do software **PROGRAM DISTANCE**. A estimativa da população foi efectuada partindo do pressuposto de que a gazela de Soemmerring está distribuída uniformemente pela área de estudo. A contagem no terreno da área de estudo revelou uma densidade populacional de 0,992 por km2 (273 indivíduos com um intervalo de confiança de 95% 177-420 indivíduos). Quando a estimativa da população é extrapolada a partir do resultado, espera-se que a gazela de Soemmerring ocorra numa área de aproximadamente 1000 km^2 e acredita-se que atinja >700 gazelas de Soemmerring.

Uma vez que não foram realizados estudos anteriores pormenorizados sobre a sua tendência, com base no estudo realizado e nos resultados do inquérito na área de estudo, o seu número está a aumentar ligeiramente em relação aos anos anteriores. Por conseguinte, a tendência da população está a aumentar ligeiramente. Este facto deve-se principalmente à sensibilização do público feita pelo Ministério da Agricultura e à aplicação da proclamação 155/2006, que funcionou como pedra angular para o enriquecimento da vida selvagem e a aplicação da regulamentação da vida selvagem a nível zoba (conferência sobre a conservação e a valorização da floresta e da vida selvagem). Este facto pode ser justificado pelos resultados obtidos na investigação realizada. Ou seja, a densidade populacional é de 0,9921 por quilómetro quadrado.

5.2.2 Distribuição da gazela de Soemmerring na península de Buri

De acordo com os resultados do inquérito, a área de distribuição das gazelas situa-se dentro e fora da península de Buri. O inquérito foi realizado em todas as aldeias localizadas na área de estudo. Os resultados são bons indicadores da sua distribuição anterior / alcance. Historicamente, devido a muitas razões, como períodos de seca mais longos, guerras, falta de alimentos, destruição do habitat, caça furtiva e caça, que resultam numa fraca capacidade de reprodução, estas espécies foram diminuindo das suas antigas áreas de distribuição. No entanto, após a independência, o governo da Eritreia e o Ministério da Agricultura conceberam um meio de controlar alguns dos problemas, através da implementação e elaboração de leis e políticas legais para a conservação da biodiversidade. A emissão da Proclamação n.º 155/2006 para o desenvolvimento e a conservação da vida selvagem em diferentes ecossistemas do país e, em particular, na península de Buri, é um esforço sensato efectuado pelo Ministério da Agricultura. Este esforço resulta num ligeiro aumento da tendência destas gazelas e na conservação de outra vida selvagem da área.

CAPÍTULO 6

CONCLUSÃO E RECOMENDAÇÃO

6.1 CONCLUSÕES

Os resultados da investigação indicam que a população de gazela de Soemmerring se encontra numa vasta gama dentro e fora da península de Buri. Existem 0,992 indivíduos por quilómetro quadrado, com um intervalo de confiança de 95% de 177-420 indivíduos em toda a área de estudo de cerca de 273 km. Quando este resultado foi extrapolado, esperava-se que as gazelas de Soemmerring ocorressem numa área de aproximadamente 1000 km^2 e o seu número atinge >700 em toda a península de Buri.

A investigação, apesar de abranger uma pequena área da península de Buri, pode ser uma pedra de toque para o processo de implementação de uma área de reserva para garantir a diversidade da vida selvagem no contexto nacional e internacional e, assim, melhorar o turismo.

Por conseguinte, a divisão da península de Buri em diferentes áreas ajuda a obter o máximo de benefícios da biodiversidade como um dos potenciais recursos renováveis do planeta. A implementação da sua área de reserva pode começar pela área de Hrey Gereb. Tal deve-se ao facto de

1. Abriga diversas espécies, como avestruzes, gazelas de Soemmerring e Dorcas
2. Tem uma barragem natural onde as águas sazonais escoam e persistem durante 4-6 meses. Este nível de água também pode ser aumentado através do desvio da água do ribeiro AKARIT, cuja maior parte da água é drenada para o mar vermelho.
3. Possui uma variedade de espécies de vegetação que podem servir de suporte a muitos animais selvagens e domésticos (os pastores de Bada e da região sul permanecem durante meses nesta área)
4. Uma vez que o burro selvagem africano, em vias de extinção, esteve presente, mas abandonou o local devido à disponibilidade de água, se for reservado, pode ser o melhor local para fazer com que este burro selvagem recupere a sua normalidade
5. Além disso, a zona estende-se ao longo da costa do mar vermelho, o que permite

desfrutar simultaneamente da beleza marinha e terrestre.

6.2 Recomendações

- Realizar mais investigação sobre a ecologia e demografia das populações. Um estudo exaustivo em toda a área de distribuição histórica é essencial para compreender a realidade atual da gazela de Soemmerring.
- A gestão das zonas protegidas deve ser implementada
- A implementação da península de Buri como parque nacional protegido deve ser reforçada
- Compreender a atitude dos habitantes locais em relação à conservação da vida selvagem é o fator-chave, que é crucial para investigar a sua atitude, e então será possível melhorar o seu conhecimento indígena para conservar a vida selvagem que vive com eles.
- Rever e investigar quais os factores que contribuem para o declínio da gazela de Soemmerring na sua área de distribuição histórica, de modo a que se possa desenvolver uma ação de conservação imediata para travar o declínio da espécie.
- Controlar o fluxo de água para o mar, especialmente a ribeira de Akarit, desviando parcialmente o seu fluxo para o interior
- Fornecer educação sobre conservação aos habitantes locais e aumentar os conhecimentos sobre conservação das autoridades estatais centrais e regionais, para que seja dada uma melhor atenção à conservação da vida selvagem como um todo na região.

REFERÊNCIAS

Anderson, DR, Laake, JL, Crain, B R e Bumham K P 1979, 'Guidelines for line transect sampling of biological populations', *Journal of WildlifeManagement,* 43:70-78. Disponível em: http://people.montana.com

Bumham, K P, Anderson, DR e Laake, JL 1980,' Estimation of density from line transects sampling of biological populations', *Wildlife Monogram,* 72:1-202. Disponível em: http://people.montana.com

Convenção sobre a Diversidade Biológica (CDB), promulgada: 1992-06.05, em vigor: 199312-29 {1760 UNTS 79; 31 ILM 818 (1992) = sistema eletrónico de informação sobre legislação internacional (CDB)}

East R. (Ed.) (1988). Levantamento Global de Antílopes e Planos de Ação Regionais, Parte I: África Oriental e Nordeste. Grupo de Especialistas em Antílopes da IUCN/SSC.

East, R 1998, African *Antelope Database,* IUCN, Gland.

Edward Denison; Edward Paice (2007). Eritreia: The Bradt Travel Guide. Bradt Travel Guides, p. 176. ISBN 978-1-84162-171-5.

Gebremedhin Berihun; Yirga Solomon (2005). Um estudo sobre a abundância, tamanho do grupo e composição da gazela de Soemmering (*Gazella soemmerringii*) no Parque Nacional de Awash e na Reserva de Vida Selvagem de Alledeghi, Etiópia: SINET: Ethiopian Journal of Science, Vol 28(2) pp. 161-170(10) Faculdade de Ciências, Adis Abeba, Etiópia

Global Environment Facility- UNDP 2011, *Integrated Semenawi and Debubawi Bahri-Buri Irrori- Hawakil Protected Area System for Conservation of Biodiversity andMitigation of Land Degradation,* Asmara, Eritrea

GoE 2006, 'The Forestry and Wildlife Conservation and Development Proclamation No. 155/2006', *Gazetee of Eritrean Laws,* vol.15/2006 No.4, Asmara, 20 Sep

Imagens do Google Earth disponíveis em: http://www.googleearth.com/

Heckel, JO, Wilhelm, FI, Kaariye, XY, Rayaleh, HA, Amir, OG & Kunzel, T 2008, em: IUCN 2010, IUCN Red List of Threatened Species, e Versão 2010.4 disponível em a partir de:
http://www.cbd.int/countries/profile/default.shtml? country=er⅛tatus

https://en.wikipedia.org/wiki/Soemmerring%27s gazela

Instituto de Ecologia Aplicada (IEA) 1998, '(/ a∑ella soemmerringii: *In* African Mammals Databank - A Databank for the Conservation and Management of the African Mammals, Vol 1 e 2, Bruxelles: Direção da Comissão Europeia

Jacksonville Zoo and Gardens 2008, *Nanger soemmerringii* Disponível em: http://www.iaxzoo.oru/thinus/biofacts/SoemmerrinusGazelle.asp

Kingdon, J 1997, *The Kingdon Field Guide to African Mammals,* Academic Press Ltd, Londres.

Naval, (2013). Arábia Ocidental e Mar Vermelho. Routledge, p. 78. ISBN 978-1-13621002-0.

Philip's (1994). Atlas of the World. Reed International, p. 108. ISBN 0-540-05831-9.

Richard Weigl 2005, *Longevity of Mammals in Captivity, from the Living Collections ofthe World,* disponível em: http://genomics.senescence.info/feedback.php

Richard, B H 1996, 'Wild Ungulate Surveys in Grassland Habitats: Satisfying Methodological Assumptions', *Chinese Journal of Zoology,* 31(2):16-21 Disponível em: www.cas.umt.edu

Spinage C.A. (1986). The Natural History of Antelopes. Croom Helm Publishers Ltd, Londres. Mamm. Series.

Stuart, C e Stuart T 1997, *Field Guide to the Larger Mammals of Africa ,* Struik Publishers, Cidade do Cabo. Disponível em: http://www.fzi.uni-freiburg.de/

Thomas, L, Buckland, ST, Rexstad, EA, Laake, J L, Strindberg, S, Hedley, S L, Bishop, JRB, Marques, T A, & Bumham, K P 2010, 'Distance software: design and analysis of distance sampling surveys for estimating population size' *Journal of Applied*

Ecology, 47: 5 14.

Departamento do Interior dos EUA Gabinete de Gestão de Terras 2012, *Gestão da Seca no Distrito de Battle Mountain: Avaliação ambiental* DOI-BLM-NV- B000-2012-0005-EA

Wilhelmi, F., Kaariye X Y, Hammer S, Hammer C, & Heckel J O 2006, *sobre a situação dos ungulados selvagens na região de Ogaden, na Etiópia: Actas da reunião do grupo de interesse Sahara-Sahelo,* Douz, Tunísia

Yalden, D W, Largen, MJ, Kock, D & Hillman, J C 1996, 'Catalogue of the Mammals of Ethiopia and Eritrea 7. Revised Checklist, zoogeography and conservation", *Tropical Zoology,* 9(1): 73-164.

Apêndice 1

Quadro I: Questionário versão inglesa

<table>
<tr><th></th><th>Questions</th><th>Responses</th><th>Total</th></tr>
<tr><td rowspan="2">1</td><td rowspan="2">As inhabitants of this region, are there Soemmerring's Gazelle?</td><td>Yes</td><td></td></tr>
<tr><td>No</td><td></td></tr>
<tr><td rowspan="2">2</td><td rowspan="2">Are these species been there ever before in this area?</td><td>Yes</td><td></td></tr>
<tr><td>No</td><td></td></tr>
<tr><td>3</td><td>In which month are these species more abundant?</td><td>During the rainy season October-March</td><td></td></tr>
<tr><td rowspan="2">4</td><td rowspan="2">In the time of moving , each groups comprises ________individuals</td><td>5-10 individuals</td><td></td></tr>
<tr><td>More than 10 individuals</td><td></td></tr>
<tr><td rowspan="3">5</td><td rowspan="3">How do you evaluate the current number of these available species around this area?</td><td>Declining</td><td></td></tr>
<tr><td>Slightly increased</td><td></td></tr>
<tr><td>No change</td><td></td></tr>
<tr><td rowspan="3">6</td><td rowspan="3">In this area, which of these deaths regarding Soemmerring's Gazelle occur more:</td><td>Hunting</td><td></td></tr>
<tr><td>Natural problems: drought</td><td></td></tr>
<tr><td>Predation</td><td></td></tr>
<tr><td rowspan="2">7</td><td rowspan="2">What will be the effect of domestic grazing animals on these species?</td><td>Shortage of food: Grass</td><td></td></tr>
<tr><td>Competition</td><td></td></tr>
<tr><td rowspan="2">8</td><td rowspan="2">Compared to ten years ago have you observed change in agricultural expansion?</td><td>Slightly increased</td><td></td></tr>
<tr><td>No change</td><td></td></tr>
<tr><td rowspan="3">9</td><td rowspan="3">As a result of increased infrastructural activities, example: constructions of roads, water reservoirs, housing …etc., around this area, how it affects these wild animals?</td><td>Habitat fragmentation</td><td></td></tr>
<tr><td>No influence: not much activities</td><td></td></tr>
<tr><td>No change at all</td><td></td></tr>
<tr><td rowspan="2">10</td><td rowspan="2">Is there a significant impact due to deforestation and soil erosion, particularly in this study area in relation to the animals that live in this habitat?</td><td>Yes</td><td></td></tr>
<tr><td>No, there are internal rules to protect deforestation</td><td></td></tr>
</table>

11	What conservation activities/measures does the community of this area perform to protect the Soemmerring's gazelle?	Public protection, internal rules	
		No information	
12	Is there any activities done by the ministry of Agriculture regarding the conservation of these species?	Yes, increase awareness	
		Practical activities: reserved areas	
13	What advantages does the community expect if the numbers of these species are more around this area?	Economic and tourism benefits	
		No values	
14	What action strategy should the community follow for better sustainability and continuity of these vulnerable species?	Increase public awareness Implementations of strict rules Improve habitat quality Taking practical measures: reserve areas	

Quadro II: estado de conservação de alguns mamíferos da Eritreia

Existem 96 espécies de mamíferos registadas na Eritreia, das quais 1 está criticamente ameaçada, 2 estão em perigo, 10 são vulneráveis e 3 estão quase ameaçadas, lista vermelha da IUCN (2008).

SN	Common name	Scientific name	Species conservation status (IUCN)
1	African Wild Ass	*Equus africanus*	CR
2	Grevy's Zebra	*Equus grevyi*	EN
3	African Wild Dog	*Lycaon pictus*	EN
4	African Bush Elephant	*Loxodonta africana*	VU
5	Dugong	*Dugong dugon*	VU
6	Ethiopian Big-eared Bat	*Plecotus balensis*	VU
7	Patrizi's Trident Leaf-nosed Bat	*Asellia patrizii*	VU
8	Sperm Whale	*Physeter macrocephalus*	VU
9	Cheetah	*Acinonyx jubatus*	VU
10	Lion	*Panthera leo*	VU
12	Dorcas Gazelle	*Gazella dorcas*	VU
13	Red-fronted Gazelle	*Gazella rufifrons*	VU
14	Soemmerring's Gazelle	*Gazella soemmerringii*	VU
15	African Giant Free-tailed Bat	*Tadarida ventralis*	NT
16	Blasius's Horseshoe Bat	*Rhinolophus blasii*	NT
17	Ethiopian Large-eared Round leaf Bat	*Hipposideros megalotis*	NT

Apêndice 2

Todos os pormenores são indicados abaixo:

1. Listagem das opções de estimativa

Especificação da estimativa de parâmetros

Taxa de encontros para todos os dados combinados

Probabilidade de deteção para todos os dados combinados

Densidade para todos os dados combinados

Distâncias:

Análise baseada em distâncias exactas

Largura: utilizar a maior medida/ponto final do último intervalo

Estimadores:

Estimador 1

Chave: Meio normal

Ajustes - Função : Cossenos

- Modo de seleção do termo : Sequencial
- Critério de seleção de termos: AICc
- Distâncias escalonadas por : W (distância de truncagem à direita)

Seleção do estimador: Selecionar o estimador com AIC mínimo

Funções de estimação: obrigadas a ser quase monótonas e não crescentes

Desvios:

Variância den: Estimativa empírica a partir da amostra

(Estimador derivado da conceção R2/P2)

Variância de f(0): Estimativa MLE

Adequação:

Pontos de corte escolhidos pelo programa

Glossário de termos

Rubricas de dados:

n - número de objectos observados (individuais ou grupos de animais)

L - comprimento total da(s) linha(s) de transecto

κ - número de amostras

K - esforço de transecto pontual, normalmente K=k

T - duração do tempo procurado na contagem de pistas

ER - taxa de encontro (n/L ou n/K ou n/T)

W - largura do transecto de linha ou raio do transecto de ponto

x(i) - distância à i-ésima observação

s(i) - dimensão do agregado da i-ésima observação

r-p - probabilidade do teste de regressão

chi-p- probabilidade para o teste de adequação do qui-quadrado

Parâmetros ou funções de parâmetros:

m - número de parâmetros do modelo

A(I) - i-ésimo parâmetro na função de densidade de probabilidade estimada (pdf) f(0) - 1/u = valor da pdf em zero para transectos lineares

u - W*p = ESW, área de deteção efectiva para transectos lineares

h(0) - 2*PI/v

v - PI*W*W*p, é a área de deteção efectiva para transectos pontuais p - Probabilidade de observar um objeto na área definida

ESW - para transectos lineares, largura efectiva da faixa = W*p

EDR - para transectos pontuais, raio de deteção efetivo = W*sqrt(p) rho - para contagens de sinais, a taxa de sinais

DS - estimativa da densidade dos agregados

E(S) - estimativa do valor esperado da dimensão do agregado D - estimativa da densidade dos animais

N - estimativa do número de animais na zona especificada

2. Detection Function/Global/Model Fitting (Função de deteção/Global/Ajuste do modelo)❖ Apresenta pormenores sobre os modelos ajustados e o modelo final selecionado

Esforço : 75.58000 # amostras : 13 Largura : 385.6000 # observações: 49

Modelo 1

Chave meio-normal, k(y) = Exp(-y**2/(2*A(l)**2))

Resultados: A convergência foi alcançada com 15 avaliações de funções. Valor final de Ln(likelihood) = -291,21014

Critério de informação de Akaike = 584,42029 Critério de informação Bayesiano = 586,31213 AICc= 584,50537

Valores finais dos parâmetros: 373.27713

Modelo 2

Chave meio-normal, k(y) = Exp(-y**2/(2*A(l)**2))

Ajustamentos do cosseno da(s) ordem(ns) : 2

Resultados:

A convergência foi alcançada com 5 avaliações da função. Valor final de Ln(likelihood) = -291,19877 Critério de informação de Akaike = 586,39752 Critério de informação Bayesiano = 590,18115 AICc= 586,65839

Valores finais dos parâmetros: 373.27695 0.31503311E-01

Teste do rácio de verosimilhança entre os modelos 1 e 2

Valor do teste do rácio de verosimilhança = 0,0227 Probabilidade de um valor superior = 0,880118

*** Modelo 1 selecionado em vez do modelo 2 com base no AIC mínimo

O Critério de Informação de Akaike (AIC) é utilizado na seleção de modelos e coloca este processo num quadro de minimização de funções. Baseia-se na "distância" de Kullback-Leibler entre duas distribuições.

3. Função de deteção/estimativas globais/parâmetro

❖ Um resumo das estimativas dos parâmetros do modelo final selecionado, incluindo as correlações entre as estimativas

Esforço : 75.58000 # Amostras : 13 Largura : 385.6000 # Observações: 49

Modelo 1

Chave meio-normal, k(y) = Exp(-y**2/(2*A(l)**2))

Parameter	Point Estimate	Standard Error	Percent Coef. of Variation	95 Percent Confidence Interval	
A(1)	373.3	174.5			
f(0)	0.30606E-02	0.44053E-03	14.39	0.22949E-02	0.40817E-02
p	0.84735	0.12197	14.39	0.63536	1.0000
ESW	326.74	47.030	14.39	244.99	435.75

4. Função de deteção/Global/Plot: Qq-plot

A distância fornece gráficos quantil-quantil (qq) para todas as análises que utilizam dados exactos (ou seja, aqueles em que os dados não são transformados em intervalos no Filtro de dados). Os gráficos Qq são úteis para diagnosticar problemas nos dados, como o arredondamento para valores preferenciais e outros desvios sistemáticos do modelo ajustado. Uma das principais vantagens destes gráficos em relação aos histogramas da função de deteção e da função de densidade de probabilidade (pdf) é o facto de não exigirem que os dados sejam agrupados em intervalos. A desvantagem é que requerem algum esforço para compreender o resultado.

Em estatística, os gráficos qq- são utilizados para comparar a distribuição de duas variáveis

- se seguirem a mesma distribuição, então um gráfico dos quantis da primeira variável em relação aos quantis da segunda deverá seguir uma linha reta.

Para comparar o ajuste de um modelo de função de deteção aos dados, um método padrão é traçar a função de distribuição cumulativa ajustada (cdf) contra a função de distribuição empírica (edf). A cdf, F(x), indica a probabilidade de obter uma distância inferior ou igual a x para um determinado modelo. A edf, S(x), dá a proporção dos dados com distâncias inferiores a x. (Nota - esta explicação ignora valores empatados.) Se os dados se ajustarem ao modelo, então a cdf ajustada e a edf devem ser iguais.

Para fazer o qq-plot, a cdf ajustada é avaliada para cada observação. Os dados são então ordenados por ordem crescente i =1, ... n e o edf é calculado como (i-0,5)/n. Os pontos vermelhos mostram os dados, e a linha azul é onde eles deveriam estar se o ajuste do modelo fosse perfeito.

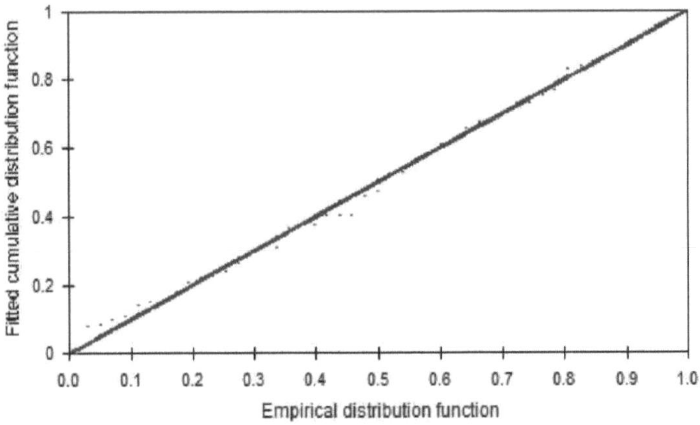

Figura 6: Gráficos de quantis-quantis para comparar a adaptação de um modelo de função de deteção aos dados

5. Função de deteção/teste global/K-S GOF

- Não para dados intervalares, os testes de Kolmogorov-Smirnov e Cramer-von Mises de adequação.

- Ambos testam a normalidade para dados contínuos

<u>Teste de Kolmogorov-Smirnov (teste não paramétrico)</u>

D_n = 0.0625 p = 0.9910

- ❖ O D tabelado 0.05,49= 0.19028, decisão rejeitar se calculado Maior que os valores críticos da tabela. O modelo ajusta-se aos dados.
- ❖ Se 0,25 ou menos p indica x diferente y, ou seja, dados x diferentes de dados y
- ❖ n número de objectos observados

Testes da família Cramer-von Mises

- ❖ Indica a associação na população amostrada

- W-sq (ponderação uniforme) = 0,0172 0.900 < p <= 1.000

Valores críticos relevantes:
W-sq crit (alfa=0,900) = 0,0000

- C-sq(ponderação do cosseno) = 0,0136 0.900 < p<= 1.000

Valores críticos relevantes:
C-sq crit (alfa=0,900) = 0,0000

6. Detection Fct/Global/Plot: Probabilidade de deteção 1

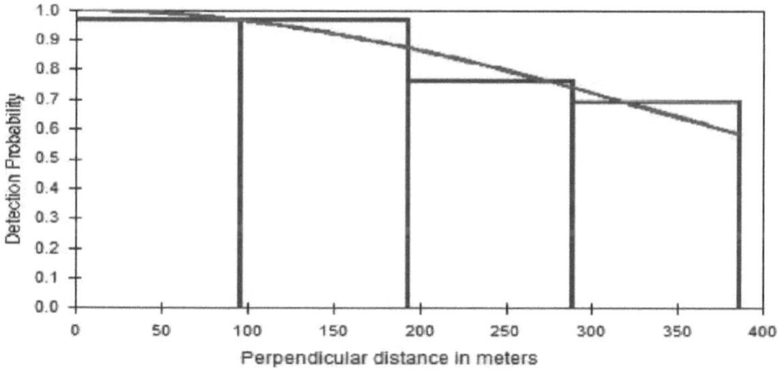

Figura 7: Gráfico da função de deteção, sobreposto a histogramas que mostram a frequência das contagens

7. Deteção Fct/Global/Chi-sq GOF Teste 1

❖ T abela de frequências observadas e esperadas em cada histograma, juntamente com um teste de adequação x^2. Este teste dá uma medida da adequação do modelo aos dados, com base numa comparação das frequências observadas e esperadas das observações nos casos de distância.

Quadro 4: comparação das frequências observadas e esperadas das observações nos casos de distância

Cell i	Cut Points		Observed Values	Expected Values	Chi-square Values
1	0.000	96.4	14	14.30	0.006
2	96.4	193.	14	13.38	0.029
3	193.	289.	11	11.72	0.044
4	289.	386.	10	9.60	0.016

Valor total do qui-quadrado = 0,0953 Graus de liberdade = 2,00

Probabilidade de um valor de qui-quadrado superior, P = 0,95349

Valores críticos tabelados $X^2 0.05,2 = 5.991$
Regra de decisão: Rejeitar se o valor calculado for superior ao valor crítico tabelado.

8. Detection Fct/Global/Plot: Probabilidade de deteção 2

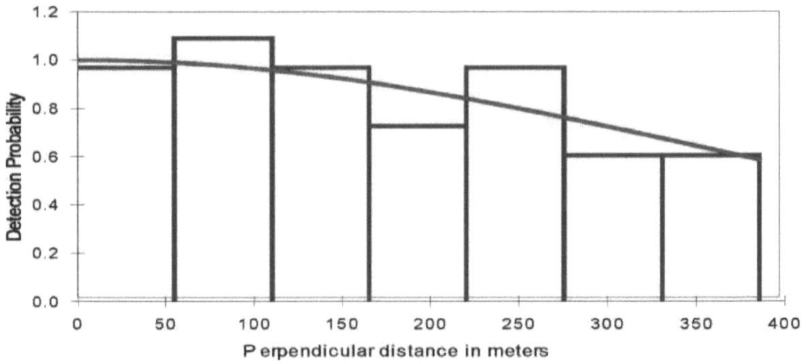

Figura 8: Gráfico da função de deteção, sobreposto a histogramas que mostram a frequência

das contagens

9. Deteção Fct/Global/Chi-sq GOF Teste 2

Quadro 5: comparação das frequências observadas e esperadas das observações nos casos de distância

Cell i	Cut Points		Observed Values	Expected Values	Chi-square Values
1	0.000	55.1	8	8.23	0.006
2	55.1	110.	9	8.05	0.111
3	110.	165.	8	7.71	0.011
4	165.	220.	6	7.22	0.208
5	220.	275.	8	6.62	0.286
6	275.	331.	5	5.94	0.149
7	331.	386.	5	5.21	0.009

Valor total do qui-quadrado = 0,7801 Graus de liberdade = 5,00

Probabilidade de um valor de qui-quadrado superior, P = 0,97829

Valores críticos tabelados $X^2 0.05,5$ = 11.070

Regra de decisão: Rejeitar se o valor calculado for superior ao valor crítico tabelado.

10.Deteção Fct/Global/Plot: Probabilidade de deteção 3

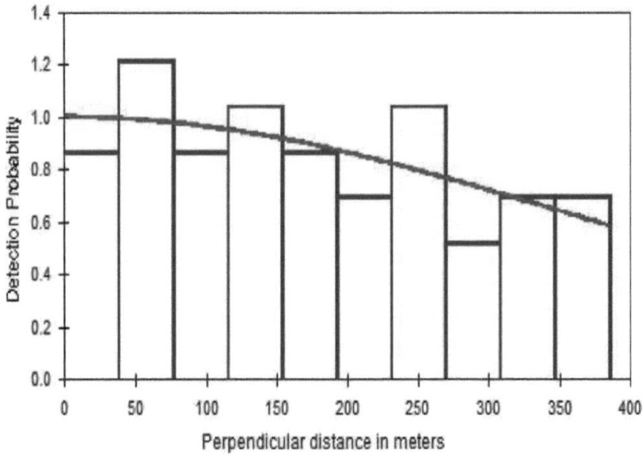

Figura 9: Gráfico da função de deteção, sobreposto a histogramas que mostram a frequência das contagens

ll.Deteção Fct/Global/Chi-sq GOF Teste 3

Quadro 6: comparação das frequências observadas e esperadas das observações nos casos de distância

Cell i	Cut Points		Observed Values	Expected Values	Chi-square Values
1	0.000	38.6	5	5.77	0.103
2	38.6	77.1	7	5.71	0.291
3	77.1	116.	5	5.59	0.062
4	116.	154.	6	5.41	0.063
5	154.	193.	5	5.19	0.007
6	193.	231.	4	4.92	0.172
7	231.	270.	6	4.61	0.416
8	270.	308.	3	4.28	0.384
9	308.	347.	4	3.93	0.001
10	347.	386.	4	3.57	0.051

Valor total do qui-quadrado = 1,5509Graus de liberdade = 8,00

Probabilidade de um valor de qui-quadrado maior, P = 0,99183

Valores críticos tabelados $X^2$0.05,8= 15.507

Regra de decisão: Rejeitar se o valor calculado for superior ao valor registado.

Apêndice 3

Foram sugeridos dez pontos importantes a considerar na conceção de um inquérito (Anderson et al., 1979

1. A linha central do(s) transecto(s) deve ser reta e bem marcada. O observador deve poder determinar a posição da linha em qualquer altura. Em certos casos, é suficiente uma série de segmentos de reta.

2. Deve-se ter o cuidado de assegurar que os objectos na linha central do transecto sejam vistos com uma probabilidade igual a um. Na prática, este objetivo pode ser atingido se o observador se deslocar cuidadosamente ao longo do centro do transecto linear em todos os momentos.

3. A largura do transecto deve ser tratada como bastante grande ou efetivamente ilimitada. Os dados anómalos podem ser eliminados, se necessário, durante a análise.

4. Todas as medições de distâncias e ângulos devem ser exactas. Utilizar uma fita de aço ou outro dispositivo adequado para garantir um elevado grau de exatidão. *Medições descuidadas e erros de arredondamento conduzem a estimativas incorrectas da densidade e a desvios de amostragem.*

5. Devem ser efectuadas as três medições básicas: distância em ângulo reto (distância perpendicular), distância de observação (distância de descarga) e ângulo de observação (ângulo de descarga). Nota: a distância de avistamento e o ângulo de avistamento são as medidas mais frequentemente registadas em estudos sobre a vida selvagem, porque o observador não tem de se deslocar da posição original de avistamento para obter estes dados (e, portanto, é menos provável que "enxotem" animais adicionais durante o processo de medição). No entanto, a diretriz nº 4 continua a aplicar-se.
6. As medições devem ser registadas separadamente para cada segmento do comprimento total dos transectos.

7. Como mínimo prático, os estudos devem ser concebidos de modo a assegurar que sejam vistos pelo menos 40 objectos (n > 40), sendo preferível que o comprimento (L) seja

suficiente para permitir a localização de pelo menos 60-80 objectos (n > 60-80 melhor).

8. Recomenda-se a realização de um inquérito prévio para ajudar a planear o estudo. Muitas vezes, uma simples visita à zona a estudar, juntamente com informações biológicas básicas sobre o animal, os seus hábitos e o seu habitat, será suficiente para planear um estudo adequado para estimar a densidade.
9. Na conceção do estudo, deve prestar-se atenção para garantir que a população a estudar não esteja correlacionada com os transectos da linha de amostragem. Por exemplo, evitar transectos ao longo de estradas, cumes de cumeadas e fundos de ribeiras.
10. o inquérito deve ser efectuado por pessoas competentes, interessadas e formadas

Pressupostos metodológicos nos transectos lineares

Foram propostos numerosos modelos estatísticos para analisar os dados do transecto linear. Independentemente do modelo escolhido, as seguintes restrições são assumidas para caraterizar o trabalho de campo e os dados resultantes (Richard, 1996)

1. As linhas de transecto são colocadas de forma aleatória, ou pelo menos objetiva, em relação à população em estudo;

2. As linhas de transecto são rectas;

3. Os objectos (i.e. animais ou grupos de animais) não se movem em direção à linha do transecto ou se afastam dela em resposta ao observador antes de as distâncias serem medidas;

4. As distâncias da linha de transecto a cada objeto são medidas com precisão;

5. Os objectos encontrados são independentes (ou seja, a observação de um objeto não afecta a probabilidade de observar qualquer outro objeto);

6. A dimensão do objeto (ou, se os objectos ocorrerem em grupos, a dimensão do grupo) não afecta a probabilidade de observação (se afetar, devem ser utilizadas análises alternativas que tenham em conta o enviesamento da dimensão); e 7. As dimensões das amostras (número de objectos observados) são suficientes para fornecer estimativas sólidas da função de deteção e da sua variância.

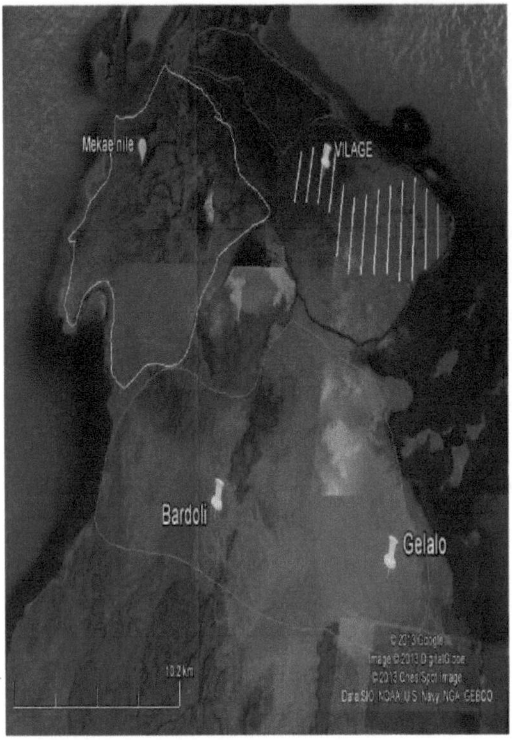

Figura 1O: Subclassificação da península de Buri, mostrando Hrey Gereb com linhas de transecto

MIX
Papier aus verantwortungsvollen Quellen
Paper from responsible sources
FSC® C105338

Printed by Books on Demand GmbH, Norderstedt / Germany